古生物化石實驗室

閱亮點

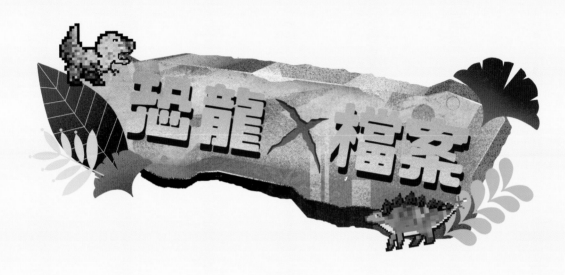

恐龍 × 檔案

龍德駿 著

目錄

PART 3　給恐龍迷的冷知識

隨書附送：「恐龍年代檔案」海報

推薦序

陳龍生教授
地質學家
香港大學地球科學系榮譽教授
加州柏克萊大學地球與行星科學系客席教授

　　我們聽到化石這個名詞，很自然會聯想到恐龍。化石對我們非常重要，有關地球年齡、生物演化、遠古年代環境等等資訊，基本上都是從古生物化石證據推斷出來。在香港，對化石有興趣的人非常多，可惜中、小學課程缺乏有關化石或古生物的內容，甚至在大學的地球科學學系中，也只有一科或半科針對古生物學的課題。可幸的是，龍德駿先生和他在線上的「化石講場」，一直以來不遺餘力推動化石的科普工作，讓一般市民有機會近距離接觸化石，他本人亦參與很多化石復修和古生物復原圖的工作。

　　《古生物化石實驗室：恐龍 X 檔案》是香港首本本地作家探索古生物化石的著作，書內用許多插圖去介紹恐龍的原貌和地球當時的環境，不單止表達生動、趣味濃厚，所繪畫各種恐龍的精確度，十分符合科學的嚴謹性，可以將我們帶回地球億萬年前的恐龍時期。

自序

龍德駿

從小熱愛大自然，唯獨對恐龍情有獨鍾。記得小學的我，不論是鄰居收藏的一塊含有「黃金粒」的岩石，還是電視節目中藏有紫色水晶的石頭，全都深深印記在腦海裡：岩石其實蘊含很多寶藏！自此觀察石頭成為了習慣，我尋找一般人不會細看的東西。

10幾歲擁有了第一件化石，雖然只是一隻殘缺的三葉蟲，但幾億年前的古生物握在手心，彷彿連繫了遠古世界。化石就像一本無字的書，每一頁都是獨一無二，窺探這個90%以上都屬於過去的史前世界，讓我察覺到人類在地質歷史中，只是「一瞬間」。這本無字書，還翻開我人生的意義——每天工作及生活都離不開化石。這門一向都被諷「冷門」的行業。的確，付出與收穫往往不成正比，但每天可以做自己喜歡的事情，分享我們的成果，感覺還是很幸福，望能影響到世界一點點……我會懷着感恩的心，延續這份熱情。

鳴謝第二屆「想創你未來—初創作家出版資助計劃」選擇此書為科普組的其中一本獲資助作品，給予很大動力。陳龍生教授，特別感謝你多年的教導及支持。邢立達教授、馬慧芯博士及李衍蒨小姐，你們的寶貴意見為此書生色不少。好拍檔張宗達，10多年來為我們創作了很多高水準的古生物復原圖，本書也是功不可沒。還有姜文杰，特別為此書設計的8-bit恐龍角色，相當有特色。最後衷心感謝為此書付出過的每一位朋友！

PART 1

寻找
恐龍化石

START!

從一件一件骨頭復原成恐龍的模樣，是一段很漫長的旅程！

在哪裏尋找恐龍化石？

古生物學家研究恐龍，研究對象就是埋藏在岩石之中的化石。不過，不是所有岩石都可以找到恐龍化石，而且必須合乎適當的地點和地質年代。

岩石可分成三大類：火成岩、變質岩和沉積岩，一般只有沉積岩才能把化石保存下來。

火成岩（Igneous rock）

又稱岩漿岩，是岩漿於地底裏或噴發出地面後慢慢冷卻，凝固而成的岩石，一般無法保存化石。

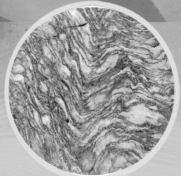

變質岩（Metamorphic rock）

岩石在地底深處經過高溫、高壓等作用，使其成分和結構改變而形成。變質岩中極少發現到化石，即使有化石也是受到破壞或不完整的。

沉積岩（Sedimentary rock）

又稱水成岩，是各種岩石的風化物於水中經過長時間沉澱、堆積而形成的岩石。不管海洋還是陸地，都可看到它的蹤影。而沉積的過程中，經常會有生物的遺體被埋藏起來，所以絕大部分化石都是在這種岩石中找到。

地區：有機會埋有恐龍化石的岩石，通常暴露於偏遠的沙漠或裸露的岩石地區，如中國的四川自貢、雲南祿豐、遼寧西部、內蒙古二連浩特；美國蒙大拿州及懷俄明州；阿根廷巴塔哥尼亞等區域，都是著名的恐龍化石埋藏地。

地質年代：恐龍生活於三疊紀到白堊紀時期，即大約2.3億年至6,600萬年前。因此尋找恐龍化石時，要針對恐龍時代的地層，挑選合適「年齡」的岩石。

恐龍生活的年代
詳細分類可參看拉頁海報「恐龍年代檔案」

6,600萬年前 ——

白堊紀
Cretaceous

1.45億年前 ——

侏羅紀
Jurassic

2.01億年前 ——

三疊紀
Triassic

2.52億年前 ——

中生代 Mesozoic

美國蒙大拿州的地獄溪層，藏有豐富白堊紀晚期的恐龍化石。

蒙古戈壁沙漠發現過不少恐龍化石。

只可在少數沉積岩中找到恐龍化石啊！

修復恐龍化石

從發現到研究,以至在博物館中展出恐龍化石,需要經歷一個漫長的過程,包括:挖掘、打包、運送、清理、修復等,其間可能要用上數月甚至數年時間,每個環節必須小心處理。

起點

找到化石!

化石清理需要專業技術和耐性,才能將化石原有的細節顯露出來,如不小心破壞了化石,一些重要的訊息便不能還原。

1

發現恐龍化石後,會於現場稍作清理,還要盡快找出餘下的部分。

3

送抵實驗室,可將石膏拆開,正式進行化石清理,把恐龍化石四周的岩石清除。

2

將保存於岩石中的恐龍化石分成不同部分,並以石膏包裹好,確保運送途中不會受到破壞。

運送中……

4.1

處理較脆弱的化石，必須慢慢地用剔針一點一點地清理。

選取合適的工具！

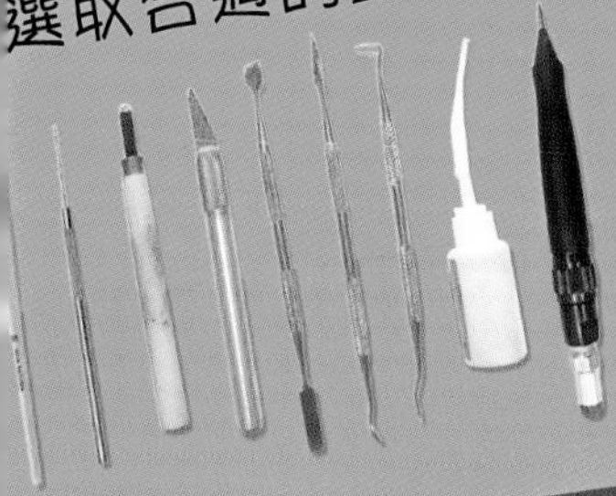

4.2

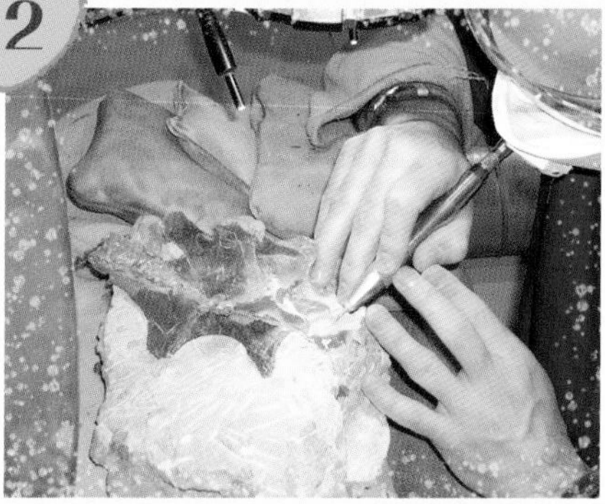

以氣動筆或噴砂機快速將岩石清除。

4.3

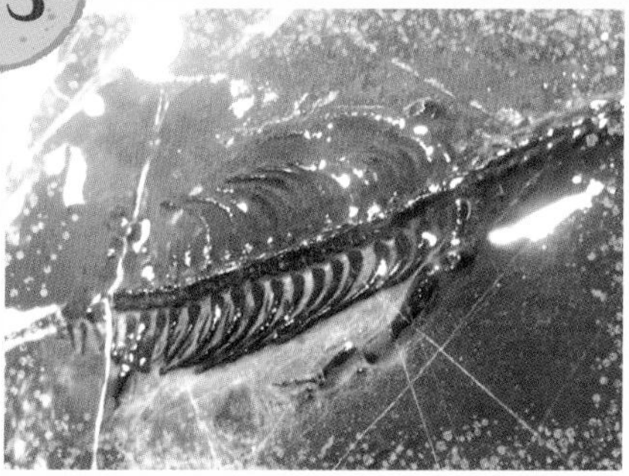

針對特別堅固的岩石，或會採用酸性液體來腐蝕。

因應岩石和化石類型，需要選用適當的清理方法，最簡單有剔針等金屬工具，但如岩石比較堅固或面積較大，就會採用氣動工具或酸性液體來協助。

5

清理化石後，要將缺失的地方填補或重塑，最後還要為化石做加固防護，才算完成修整工作。

終點

13

如何研究恐龍？

恐龍研究屬於古生物學一部分。科學界研究第一件恐龍化石，是來自英國侏羅紀地層的斑龍（*Megalosaurus*），時為19世紀早期，恐龍正式的研究由此開始！恐龍自此成為科學家熱門研究對象，因為牠們的形態和大小跟現存的生物非常不一樣，令人格外好奇。

化石現場

古生物學家一旦發現恐龍化石，便會仔細記錄骨骼的位置、分佈狀態，以及周圍的沉積環境，最後運回博物館或研究機構作詳細分析。但亦有部分化石因不適宜挖掘或搬運，只能於戶外實地研究，例如一連串大範圍的恐龍足印化石。

OK

觀察骨骼化石

傳統恐龍研究依賴觀察骨骼化石的形態特徵，以了解恐龍的解剖結構，例如頭骨孔的位置大小、四肢比例、骨盤結構等，以便將恐龍化石分類；下一步就是仔細推敲牠的生態習性，最常見的方式是與現生動物進行比較：例如棘龍科的頭骨和牙齒形態與鱷魚十分相似，同樣是吻部修長，而且牙齒都呈圓錐形，因此能夠推測兩者擁有類近的食性。

古生物學家普遍以實體恐龍化石來研究。

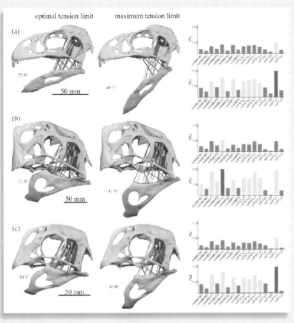

透過電腦研究虛擬恐龍化石，可供分析的範疇更多更廣，例如計算恐龍下頜打開的最大角度。

結合電腦科技作研究

隨着科技進步，研究恐龍的方法推陳出新，近年結合了不同學科的技術，例如地球化學、醫學、工程學、演化生物學等。其中一個古生物學家常用的技術，是源自醫學診斷的電腦斷層掃描 (CT scanning)，讓化石在不受到破壞的前提下，窺探骨頭內部結構。從掃描所獲得的三維模型也能用於進行各種分析，例如咬合力計算、腦形態重建、步姿模擬等，分析結果有助我們更全面了解恐龍的生活。

> 沒有化石實物，也一樣能利用電腦分析虛擬化石，甚至看得更加「深入」！

古生物學家還能以電腦三維數據來研究恐龍化石。

古生物復原偵探

研究恐龍化石，讓我們了解到恐龍的種類及如何演化外，還有一個重要任務，就是重現這些古生物的模樣！我們平時在電影或書籍中見到栩栩如生的恐龍造型，其實全是由古生物復原師令恐龍「復活」起來。他們把那些原本不完整的骨頭，經過複雜的學術研究，嘗試完整地呈現其真實面貌。

保存於石板中的鸚鵡嘴龍(Psittacosaurus)化石被壓至扁平，

究竟，整個復原過程是怎樣的呢？古生物復原師也會像偵探一樣觀察化石，而整個「復活」的過程都是有根有據的！

古生物復原師的工作

1. 以化石估算出整體骨架結構及大小。
2. 根據骨骼特徵，再結合最接近的現代生物作參考，添上肌肉及表皮。
3. 綜合附近發現過的動植物化石，以及地質方面的證據，還原出當時的生態及環境。

我復活啦！

→ 但復原後可清楚看到牠的真實模樣。

化石通常只能保留到古生物部分骨骼，所以復原古生物時需要還原遺失的部分，這要借助比較解剖學與親緣關係學——專家會以關係最接近的現代生物來比較牠們的骨骼，推測古生物的形態可能近似於甚麼樣的現生動物。恐龍屬於爬行動物，以往學者多以蜥蜴和鱷魚來做依據；近年研究顯示某些帶羽毛的恐龍跟鳥類有密切關係，所以也有部分會參考鳥類作復原依據。

身體和羽毛的顏色都是參考現代生物而填色的。

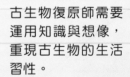

古生物復原師需要
運用知識與想像，
重現古生物的生活
習性。

古生物復原的類型

一般研究都是以繪製平面復原圖為主；但為了清晰展示結構，有時也會製作360度立體影像，如配合動畫製作，就更生動了；而實物模型則用作展覽、博物館等實體展示，讓觀賞的人能夠感受到恐龍的真實造型及大小。

平面圖像

3D立體影像

實物模型

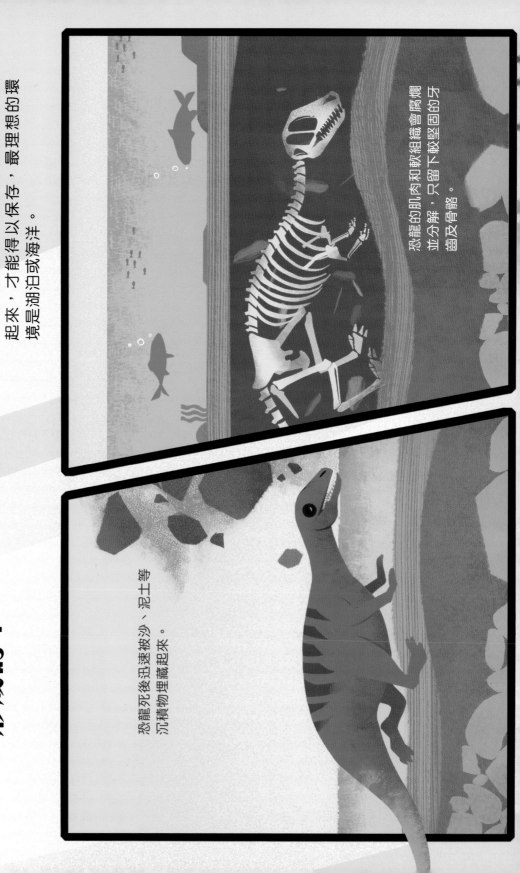

恐龍化石是怎樣形成的？

尋找恐龍化石

恐龍化石形成的過程非常艱難，要配合多項有利的自然地理條件，最重要是恐龍死亡後必須迅速給埋藏起來，才能得以保存，最理想的環境是湖泊或海洋。

恐龍的肌肉和軟組織會腐爛並分解，只留下較堅固的牙齒及骨骼。

恐龍死後迅速被沙、泥土等沉積物埋藏起來。

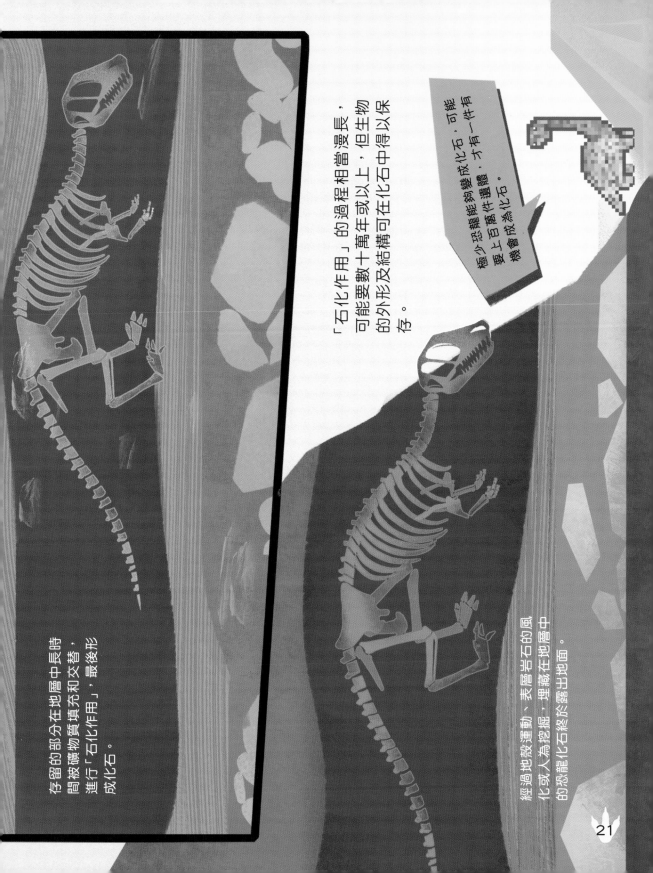

「石化作用」的過程相當漫長，可能要數十萬年或以上，但生物的外形及結構可在化石中得以保存。

極少恐龍能夠成為化石，可能要上百萬件遺體，才有一件有機會成為化石。

存留的部分在地層中長時間被礦物質填充和交替，進行「石化作用」，最後形成化石。

經過地殼運動、表層岩石的風化或人為挖掘，埋藏在地層中的恐龍化石終於露出地面。

PART 2
恐龍化石會說話

要探索恐龍之謎，
每一件化石都蘊含線索！

有羽毛的恐龍

古生物學家一直相信恐龍跟其他爬行類一樣，身體給鱗片覆蓋，直到1996年，第一具帶有羽毛的恐龍化石——中華龍鳥，於中國遼寧出土，人們才開始接受部分恐龍帶有羽毛這個事實。到目前為止，已經找到上百種帶有羽毛痕跡的恐龍化石，大部分是在中國遼寧及內蒙古發現的；近年於北美洲、歐洲、南美洲，以至南極洲也陸續有相關的化石紀錄，相信當時有羽毛恐龍的蹤跡遍佈全球。

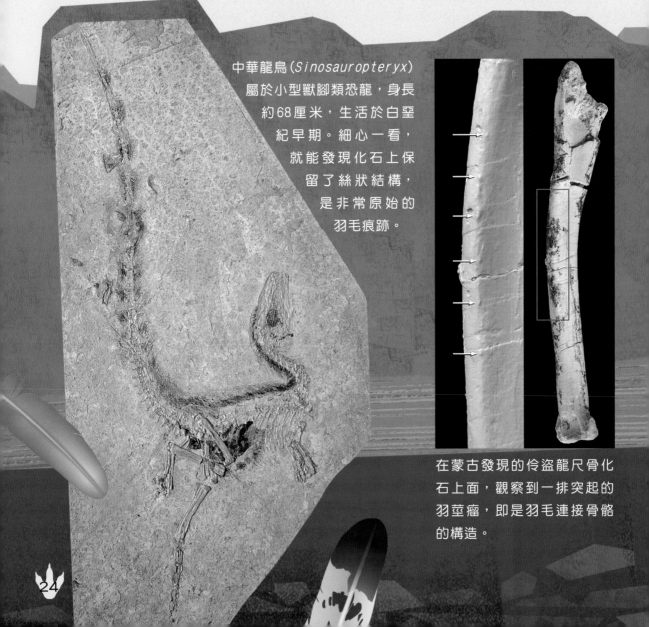

中華龍鳥(*Sinosauropteryx*)屬於小型獸腳類恐龍，身長約68厘米，生活於白堊紀早期。細心一看，就能發現化石上保留了絲狀結構，是非常原始的羽毛痕跡。

在蒙古發現的伶盜龍尺骨化石上面，觀察到一排突起的羽莖瘤，即是羽毛連接骨骼的構造。

羽毛的啟示

在恐龍身上發現過各式各樣的羽毛構造：有單根細絲的原始羽毛，也有帶複雜羽枝的正羽，這些羽毛可用來保溫，有的更具有滑翔的功能，甚至為羽毛起源及恐龍與鳥類的關係提供了線索。

1億6,100萬年前的巨嵴彩虹龍（*Caihong juji*）的化石於中國河北出土，牠身上帶有結構比較複雜的羽毛。

2011年於德國發現的似松鼠龍（*Sciurumimus*），是一具非常完整的幼年獸腳類恐龍化石。牠生活在1億5,000萬年前的侏羅紀晚期，化石清楚保存了絲狀結構的羽毛痕跡，但跟鳥類沒有密切關係。

獸腳類恐龍

已發現的有羽毛恐龍絕大部分來自小型獸腳類恐龍，當中主要是手盜龍類（Maniraptora），如：偷蛋龍類、傷齒龍類、馳龍類等；另外，原始的暴龍類也會有羽毛。

小盜龍（*Microraptor*）屬於馳龍類恐龍，身長42到83厘米，全身披有羽毛，尾巴特別長，四肢上具有不對稱的正羽，估計能夠在樹林間滑翔。

尾羽龍（*Caudipteryx*）屬於偷蛋龍類恐龍，身體覆蓋着簡單的絨羽，手部有對稱的正羽，尾巴很短，末端長有一束裝飾用羽毛。

似鳥龍（*Ornithomimus*）是一種雜食性獸腳類恐龍，身長約3.5米，身體覆蓋着簡單的絨羽，頸部、手臂和尾巴都比較長，強而有力的後腿讓牠們能夠高速地奔跑。

鳥腳類恐龍

只有極少數的鳥腳類恐龍身上發現過羽毛，天宇龍（*Tianyulong*）是其中一種。牠們的頸部、背部和尾巴都有細管狀的羽毛痕跡，身長約70厘米，是植食性或雜食性動物。

渴望飛翔的蝙蝠翼恐龍

自從發現了帶羽毛的恐龍，古生物學家逐漸認識到獸腳類恐龍中有某個類群，從陸地生活慢慢轉移到樹上，還演化出翅膀，使牠們可以在樹林之間滑翔。

神秘的翼膜

2015年開始，陸續發現到兩種帶有翼膜翅膀的恐龍化石。從下圖兩塊化石可見兩者均有一個明顯的特徵，就是特別延長的第三指可以用來支撐翼膜。這種像蝙蝠翼膜的構造，從來沒有在過去發現的恐龍身上出現。

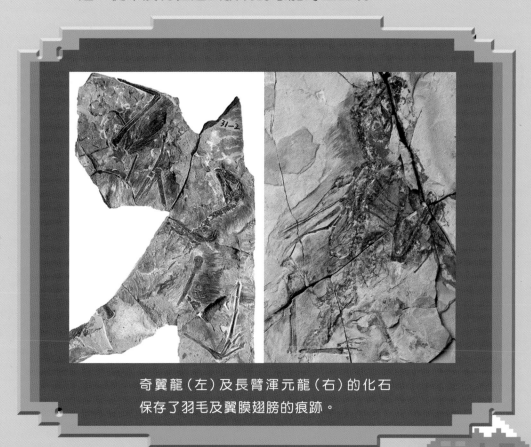

奇翼龍（左）及長臂渾元龍（右）的化石
保存了羽毛及翼膜翅膀的痕跡。

無法實現飛翔的夢想

從這兩塊化石還原的恐龍，生活在侏羅紀中至晚期，與鳥類親緣關係非常近，但不是鳥類的祖先，而是擅攀鳥龍類(Scansoriopterygidae)，牠們分別是奇翼龍(*Yi qi*) 及長臂渾元龍(*Ambopteryx longibrachium*)。可惜……

獨特的第三指
擅攀鳥龍類延長的第三指能用於支撐翼膜。

研究顯示擅攀鳥龍類的翼膜並沒有足夠能力用作飛行，相信恐龍曾為飛翔演化進行過不同的發展及嘗試，而牠們都是演化中的失敗者。

「生氣」的恐龍

近年有研究發現，部分獸
腳類及蜥腳類恐龍的椎骨中佈
滿了空腔，估計椎骨原本除了被
肌肉和皮膚覆蓋外，還可能藏有氣
囊。比較具代表性有阿根廷的氣腔龍
(*Aerosteon*)，這是一種較大型肉食
性恐龍，學名的意思就是

充了氣的骨頭

2020年在英國懷特島發現
生活於1.15億年前的新種獸
腳類恐龍，牠的頸椎及胸椎佈滿
了空腔（見藍圈），命名為懷特
氣腔獵龍(*Vectaerovenator
inopinatus*)。

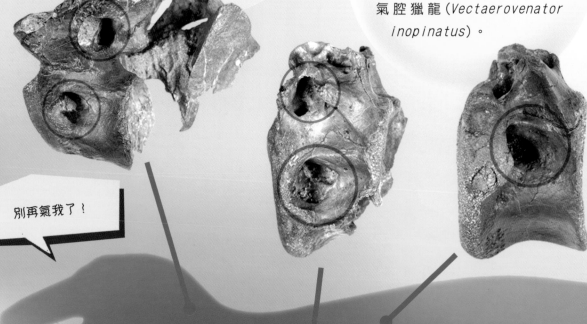

別再氣我了！

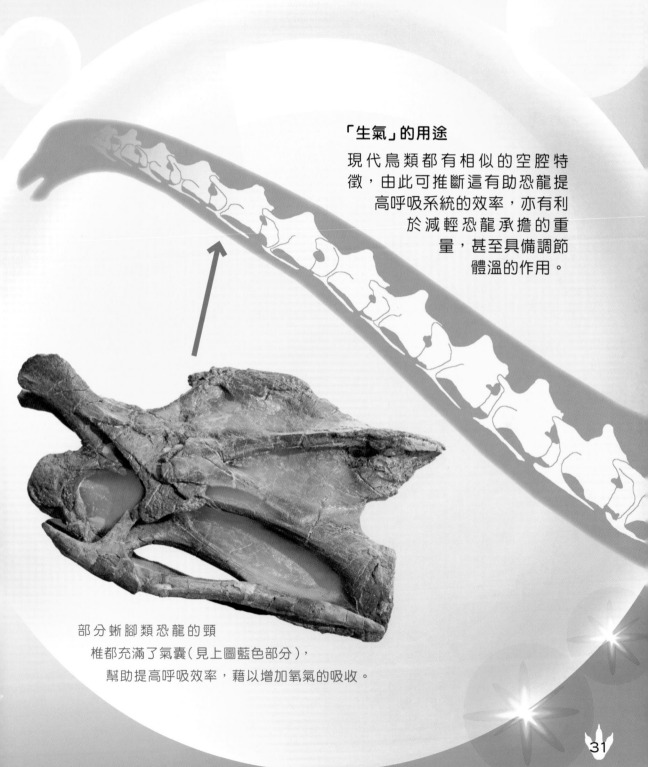

「生氣」的用途

現代鳥類都有相似的空腔特徵，由此可推斷這有助恐龍提高呼吸系統的效率，亦有利於減輕恐龍承擔的重量，甚至具備調節體溫的作用。

部分蜥腳類恐龍的頸椎都充滿了氣囊（見上圖藍色部分），幫助提高呼吸效率，藉以增加氧氣的吸收。

始祖鳥究竟是鳥還是龍?

始祖鳥 (*Archaeopteryx*) 生活在約 1 億 5,000 萬年前的侏羅紀晚期,曾被公認是地球上最早的鳥類。第一件始祖鳥骨骼化石於 1861 年在德國南部的索倫霍芬石灰岩礦中被發現。牠既有鳥類的羽毛和叉骨,但牠的爪、牙齒和骨質的長尾巴卻同時兼具恐龍的特徵,相信是從恐龍演化到鳥類的過渡階段。

是龍?

20 世紀末,古生物學家陸續發現不同種類的小型獸腳類恐龍化石,大都帶有羽毛和翅膀,部分身體特徵與始祖鳥甚為相似,令壟斷近一個半世紀的始祖鳥地位開始動搖了!有些古生物學家更主張始祖鳥其實是一種獸腳類恐龍,相信與恐爪龍類 (Deinonychosauria) 關係十分密切。

是鳥?

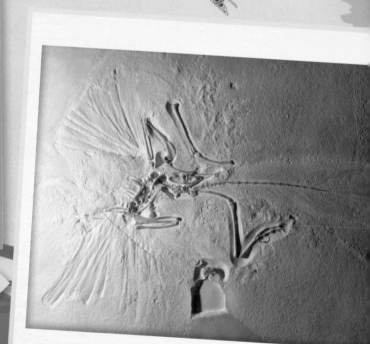

始祖鳥是龍是鳥，其實還未有定案啊！

近年古生物學家在中國發現了比始祖鳥年代更早、身體特徵更接近鳥類的古鳥類化石，進一步肯定始祖鳥不應是鳥類的始祖。

其他證據？

科學家認為始祖鳥（上圖）與恐爪龍類（下圖）的結構十分相似，推測牠的飛翔能力不強，只能在低空滑翔。

1861年發現的自個始祖鳥化石標本，可惜其頭部沒有保存下來，但標本中翅膀及尾巴有明顯的羽毛印痕，被命名為印石板始祖鳥（Archaeopteryx lithographica），現收藏於英國倫敦自然歷史博物館，所以又名「倫敦標本」。對當時的科學家來說，沒有任何證據顯示恐龍有翅膀及羽毛，於是直觀地認為始祖鳥屬於最原始的鳥類。

其他證據？

第二件始祖鳥化石於1876年發現，化石保存狀況良好，完整的頭骨具有小尖齒，一對前肢帶有爪和翅膀，身體結構與第一件始祖鳥標本有些差異。新種名為西門子始祖鳥（Archaeopteryx siemensii），又名「柏林標本」。

德國至今共發現了10多具始祖鳥化石標本，根據結構分析，當中可分為數個品種，其分類位置仍需由科學家探索。

藏在琥珀中的恐龍

琥珀（Amber）是一種樹脂化石，主要源自松柏或豆科植物。古老的樹木分泌出樹脂的過程中，經常會黏上昆蟲或各種生物。包裹着生物的樹脂被掩埋在地底後，經歷千萬年的高熱和壓力作用，便成為了琥珀。

保存於琥珀中的生物體積都很細小，通常在1厘米以內。這是因為釋出的樹脂範圍有限，而且大型動物即使掉進樹脂裏也能掙脫出來，所以琥珀一直以來都難以跟恐龍扯上關係。

然而，古生物學家最期待的事情終於出現了！2016年於緬甸北部一件年齡9,900萬年的琥珀中，竟然發現一段恐龍尾巴，展開長度約為6厘米。這個尾巴標本於琥珀中保存得相當完整，濃密的羽毛清晰可見，內裏還連有軟組織和骨骼，猶如一隻「新鮮」的恐龍。

由於與空氣隔絕，可以防止細菌和外來的破壞，因此琥珀中的生物往往比其他化石的保存狀況都要好，能夠保留到硬體和軟體部分，有時甚至連液體也可以找到。

調查神秘的尾巴

在顯微鏡下觀察這段恐龍尾巴上纖細羽毛的排列方式，能看到羽毛具有開展性和可彎曲的結構，近似現代的裝飾性羽毛，並沒有飛行用途。

而恐龍羽毛的另一特徵，就是羽軸上兩邊的羽支是交錯排列，與一般鳥類不同。這件標本讓我們更加肯定某一類恐龍帶有羽毛，還了解到恐龍羽毛的構造和演化過程。

經電腦掃描分析後，發現琥珀中的尾巴內含有8節尾椎，分開的尾椎結構有別於古鳥類，進一步確認這是一條恐龍的尾巴。

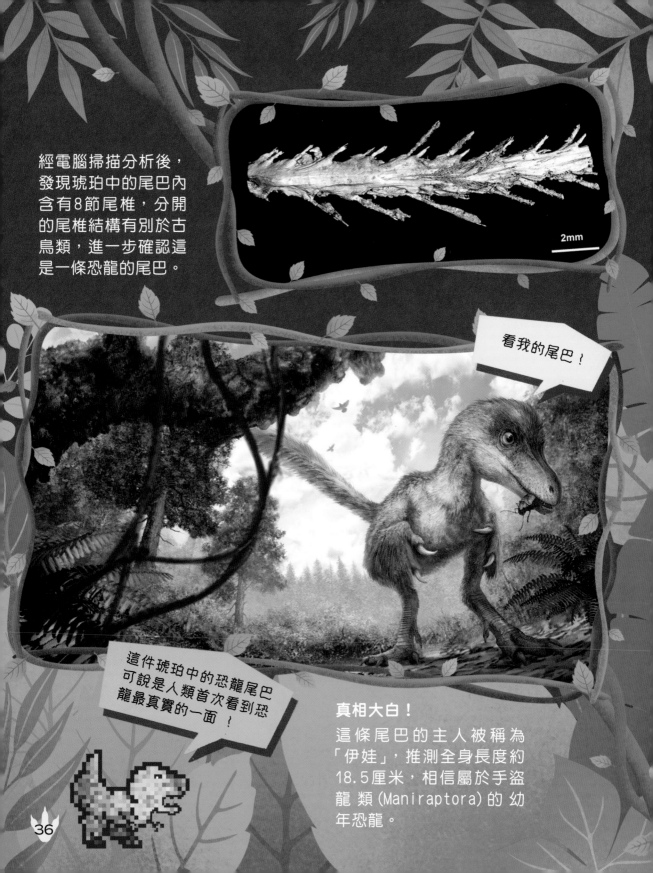

2mm

看我的尾巴！

這件琥珀中的恐龍尾巴可說是人類首次看到恐龍最真實的一面！

真相大白！

這條尾巴的主人被稱為「伊娃」，推測全身長度約18.5厘米，相信屬於手盜龍類（Maniraptora）的幼年恐龍。

為恐龍診症

恐龍如人類一樣也會生病，人類一些常見的疾病，同樣會在恐龍身上出現，例如：關節炎、痛風和癌症。研究發現，原來恐龍的疾病比大家想像中多，可惜牠們當時無法接受治療，以致很多時候受到病痛折磨甚或死亡。雖然我們看不到恐龍病中的狀況，不過化石留下線索，只要配合現代科技，就可以找出恐龍生前患過的疾病，而這些資訊就成為了近年古病理學家的研究對象。

恐龍也會感冒和咳嗽

科學家在一具幼年梁龍化石身上，發現到3塊頸椎骨上有奇怪的異物突起。經電腦斷層掃描顯示，突起物由異常的骨骼構成，很可能是感染到真菌病後形成的。專家跟現代鳥類呼吸系統生病時的痕跡比較，推斷這隻梁龍曾患上肺炎等呼吸道疾病，病菌從肺部擴散到頸部。這是首次證明到恐龍也會患感冒，還會出現與人類生病時相似的症狀，包括咳嗽、發燒、呼吸困難等。

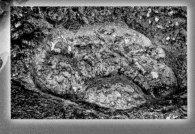

圖中箭咀指示的是梁龍
頸椎上面的異常突起物。

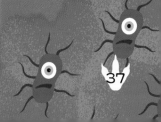

滿身病痛的異特龍

異特龍（*Allosaurus*）生活於約1億5,000萬年前的侏羅紀晚期，最著名的化石標本相信是1991年於美國懷俄明州發現的Big AL，骨骼超過90%完整，還保留了19處骨頭斷裂的痕跡，當中部分脊椎、肋骨和腳掌骨有感染跡象，證明生前曾經受過重創，並飽受病痛折磨。

最嚴重的病徵是右腳第三趾的一隻趾骨，顯示出患有骨髓炎，這感染相信已經持續了很長時間，大大影響了牠的活動能力。

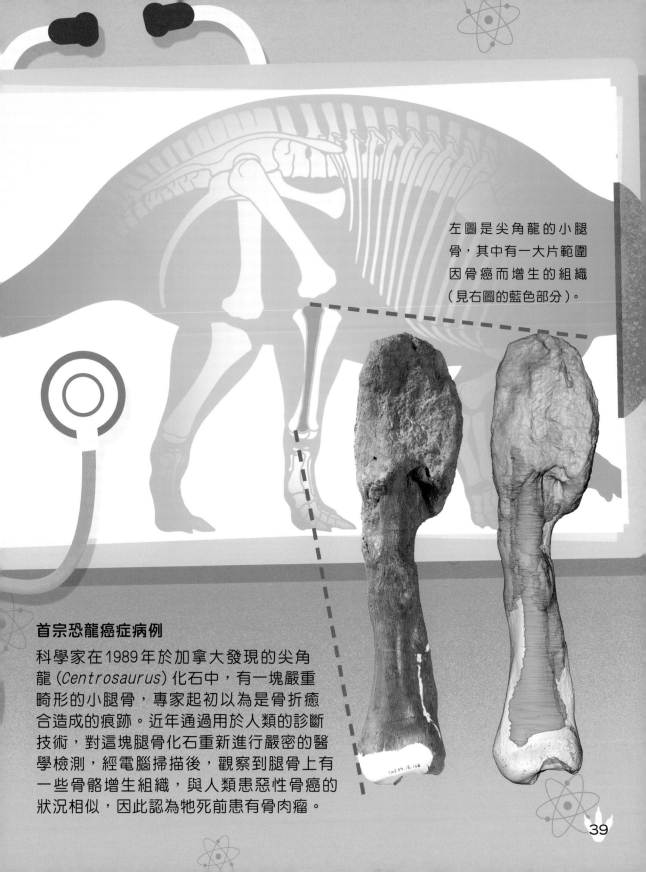

左圖是尖角龍的小腿骨，其中有一大片範圍因骨癌而增生的組織（見右圖的藍色部分）。

首宗恐龍癌症病例

科學家在1989年於加拿大發現的尖角龍（*Centrosaurus*）化石中，有一塊嚴重畸形的小腿骨，專家起初以為是骨折癒合造成的痕跡。近年通過用於人類的診斷技術，對這塊腿骨化石重新進行嚴密的醫學檢測，經電腦掃描後，觀察到腿骨上有一些骨骼增生組織，與人類患惡性骨癌的狀況相似，因此認為牠死前患有骨肉瘤。

恐龍化石
會說話

千變萬化的牙齒

恐龍的一生中，牙齒會不斷生長及替換，還經常於獵食過程中脫落，所以牙齒化石比其他部位的化石都要常見。

牙齒有助分類

以食性來區分，恐龍可分為「肉食性」、「植食性」和「雜食性」三大類。因為較難從恐龍的腸胃之中找到食物證據，於是古生物學家通過恐龍牙齒的形態和結構，再結合身體其他特徵，來判斷牠們屬於哪一種食性。而且不管哪一種食性，每種恐龍基本上都擁有不同形態的牙齒。

君王暴龍(*Tyrannosaurus rex*)
的牙齒，比一般肉食恐龍的厚，兩側邊緣帶鋸齒狀。研究指出鋸齒內部的結構富彈性，能讓暴龍的牙齒更堅固有力。

鯊齒龍(*Carcharodontosaurus*)
是大型獸腳類恐龍，牠們的牙齒比較單薄，帶幼細及鋒利的鋸齒，比大白鯊的牙齒還要厲害！

肉食性恐龍

主要是獸腳類恐龍，例如暴龍、異特龍、重爪龍、棘龍、食肉牛龍、馳龍類等，均屬於肉食性恐龍。牠們長有尖銳的牙齒，尖端通常向後彎曲，以便撕咬及防止獵物掙脫，會捕食任何類型的恐龍或其他動物。

呈鋸齒狀邊緣

呈鋸齒狀邊緣的牙齒就像餐刀的刀鋒，可以輕易將獵物的肌肉切開！

吼！

馳龍（*Dromaeosaurus*）是小型獸腳類恐龍，牠們的牙齒短小而銳利，帶清晰鋸齒，一般只有約2厘米長。

棘龍（*Spinosaurus*）是最大型的獸腳類恐龍，牠們的牙齒呈圓錐狀，上面帶有縱紋，缺乏鋸齒，與鱷魚的牙齒相似，相信是把魚類作為食物，以適應水中生活。

41

植食性恐龍

獸腳類以外的恐龍絕大部分是植食性,包括鴨嘴龍、禽龍、三角龍、劍龍、甲龍、腫頭龍,以及所有蜥腳類等。植食性恐龍以蕨類及裸子植物作主要食物,可從牠們的牙齒形狀——葉狀、棒狀、匙狀,看出各自能切斷不同類型的植物。

坊間常有「草食性恐龍」的稱呼,其實這是誤傳,因為恐龍年代未見大片草原的地貌,而且恐龍會食植物的樹葉、果實等,故不應稱之為「草食性恐龍」。

雷巴齊斯龍
(*Rebbachisaurus*) 是白堊紀
晚期的大型蜥腳類恐龍,屬於梁龍家族,牠們的
牙齒只在嘴巴的前方,呈長棒狀,相信用以進食幼嫩的葉子。

圓頂龍 (*Camarasaurus*) 是
侏羅紀時期的大型蜥腳類恐
龍,牠們的牙齒粗大,呈匙
狀,於嘴巴內排列得很密集,相
信用以進食較粗糙的植物。

甲龍 (*Ankylosaur*)
的牙齒比較小,
一般只有約2厘米
長,而且集中在口
腔兩側,呈葉狀,
帶粗鋸齒,可以嚙碎
植物。

奇異龍
(*Thescelosaurus*)
屬於小型鳥腳類恐
龍,擁有非常短小的
尖狀牙齒,一般只有
約1厘米長,用以咀嚼
食物。

三角龍 (*Triceratops*) 的牙齒會不斷生長，而且替換速度很快，口腔兩側的牙齒數量最多可達800顆！

因進食而磨損了的牙齒 (右圖)會經常脫落和替換，大部分發現到的牙齒化石都屬於這一類。

帶有完整牙冠及根部

鴨嘴龍類的**愛德蒙托龍** (*Edmontosaurus*) 是最多牙齒的恐龍，牠們的牙齒排列緊密，還會不斷生長，齒數可達1,000多顆！

完整的牙齒

雜食性恐龍

只有極少數恐龍是雜食性，如似鳥龍、傷齒龍、鐮刀龍等，這類恐龍甚麼都吃：動物、植物、昆蟲、蛋都是牠們的食物！雜食性恐龍的牙齒通常很細小，有些甚至連牙齒都沒有，像偷蛋龍就只有一個喙狀的嘴巴。

傷齒龍 (*Troodon*) 是小型獸腳類恐龍，牠們的牙齒短小而銳利，粗大的鋸齒朝向頂端，相信以小型動物及植物作食物。

巨無霸的起點

我巨大得尾巴也
超出頁面了！

大型肉食恐龍如暴龍、棘
龍，成年時可超過10米長，而植
食性的蜥腳類恐龍，如梁龍類、泰坦巨
龍類等更可長達30米以上。不過，這些恐
龍剛出生的時候究竟有多大，才能長成後來
的「巨無霸」呢？那就要從恐龍寶寶的胚胎找答案
了，這些胚胎化石都很罕見呢。

化石研究顯示暴龍寶寶大約只有
成年暴龍的十分之一長。

2020年於美國蒙大拿州發現的一塊恐龍下顎骨化石，只有2.9厘米長。經3D掃描及分析後，確認顎骨屬於暴龍類，是科學家首次找到暴龍類的胚胎化石。根據標本測量結果，估計這些恐龍孵化後的長度約71厘米，相信牠們是蜷縮在長約43厘米的蛋內。

放大！

5 mm

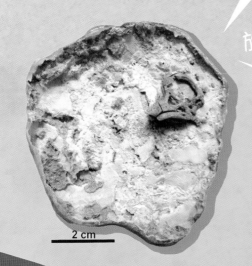

2 cm

2020年於阿根廷亦發現首個接近完整的蜥腳類恐龍胚胎頭骨。這個約3厘米的頭骨保存於一件恐龍蛋化石內，屬於生活在8,000萬年前的泰坦巨龍類（Titanosauria）。這類恐龍是體型最為龐大的恐龍之一，成年時身體最長可達30米以上。研究指出這個胚胎已發育超過80%，推斷出生時體長約20至25厘米。

成年泰坦巨龍類的體型可以比幼體長100倍。

我在這裏，別踩我！

恐龍化石
會說話

—決雌雄

現代動物一般展示兩性異形，即同一物種中雌雄性別會有不同的特徵，人類亦如是。為了分辨恐龍的性別，古生物學家當然從化石中找答案！

看我的骨板，就知道我是男性了！

背部卵形的骨板比較大，相信是屬於雄性，用來吸引異性的目光。

骨骼就是證據

由於身體器官、皮膚等軟組織很難形成化石，所以古生物學家只能從骨骼特徵着手，如頭冠、頭角或骨板的大小，找出雌性恐龍和雄性恐龍之間的差異。以美國蒙大拿州的劍龍 (*Stegosaurus*) 為例，有研究大量分析牠們背部骨板形態數據，提出不同性別擁有不同形狀的骨板。

參考鳥類辨雌性

另一種比較有效分辨恐龍性別的方法，就是尋找髓質骨（medullary bone）的存在。當雌鳥進入生育期，部分骨骼的髓腔會形成豐富的鈣質含量，這些髓質骨是雌鳥的重要特徵。古生物學家曾經在暴龍和異特龍化石中發現到髓質骨，因此推測這些個體是來自懷孕的雌性。

MB

CB

2 cm

背部長有尖長的骨板，屬於雌性，可能與自我防衛有關。

這件來自美國地獄溪層的暴龍大腿骨中央保存着髓質骨（見標示MB範圍），相信是屬於雌性個體。

恐龍跟誰打架了？

古生物日報

DOLOR SIT AMET, APPELLANTUR EA EQUIDEM NOMINATI PETENTIUM

CU HABEO GRAECE CONSTITUAM CUM

VIDER ORTER MENS ★ 1812
10345678910
ABCDEFGHIJKLM
OPQRSTUVWXYZ

CONCLUSIONEMQUE PER CU, TE

恐龍 打架了

鴨嘴龍死裏逃生

我真幸運！

眾所周知暴龍是一頭兇猛的殺手，以捕獵其他恐龍為食，但是否有足夠證據證實這個「指控」呢？或許化石能為大家提供線索！

[本報訊]2013年於美國發現的鴨嘴龍（Hadrosaur）尾椎骨化石，內裏竟藏有一顆接近4厘米長的肉食恐龍牙齒，而這顆牙齒最後證實屬於君王暴龍。雖然整顆牙齒仍嵌在那節被咬過的尾椎骨內，但傷口癒合了，說明這隻鴨嘴龍僥倖地逃過一劫。

恐龍愛自相殘殺？

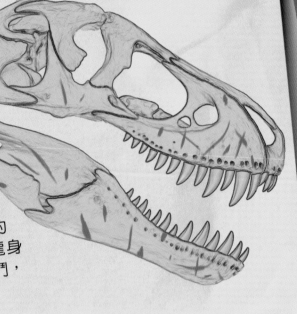

化石能夠證明，暴龍除獵食別的物種外，同類之間亦會互相打鬥。近年古生物學家分析了過百件暴龍科的恐龍頭骨化石，發現臉頰和顎骨大都佈滿傷痕，當中最常見的是咬痕，而且絕大多數出現在成年暴龍身上，反映牠們是為了爭奪而與同類打鬥，而主要的攻擊方式是狠咬對方的臉。

男女有別？

三角龍 (*Triceratops*) 的頭骨化石也經常發現到很多傷痕，有些傷口已經癒合，也有些直接刺穿頭骨（見紅圈），相信是三角龍與同類爭奪地盤或雄性爭奪異性時，以頭角激烈碰撞所造成。按照上述推論，這些特徵亦有助判斷恐龍的性別。

化石在打架？

1971年於蒙古發現了一件舉世聞名的化石標本——「搏鬥中的恐龍」(Fighting Dinosaurs)。此化石保存了伶盜龍 (*Velociraptor*) 與原角龍 (*Protoceratops*) 互相糾纏的情景。這具化石十分完整，也進一步確定伶盜龍是活躍的捕食動物。

古生物學家一般只能透過化石上面的痕跡來追尋恐龍之間發生過的衝突，萬萬沒想到恐龍打鬥的情景也能夠完整保存。牠們可能是遇上突如其來的意外，瞬間被沙泥活埋，使還未分出勝負的搏鬥永遠被定格。

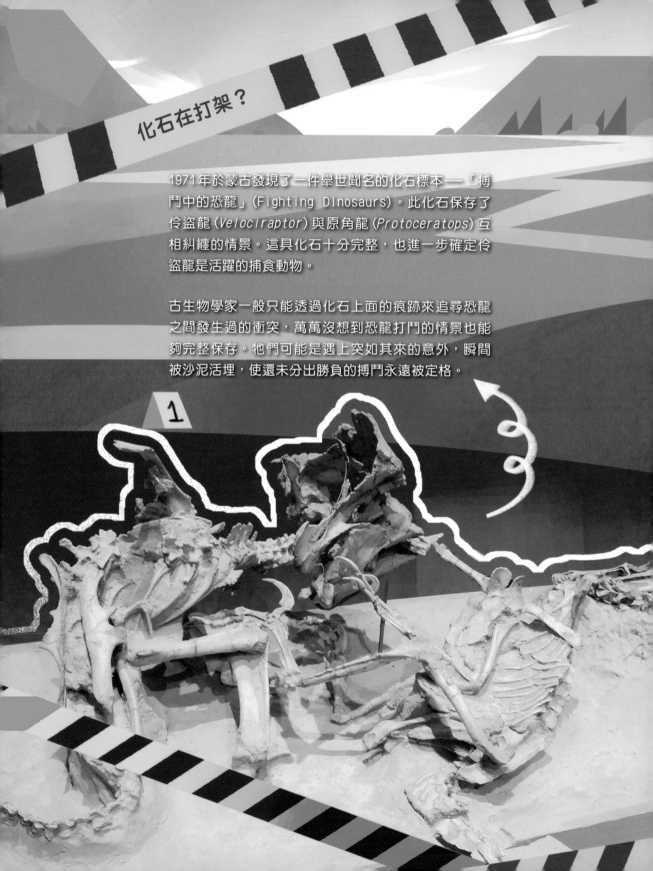

2006年於美國蒙大拿州出土了一件栩栩如生的化石，一隻未成年的暴龍與三角龍糾纏在一起。三角龍的脊椎內嵌有牙齒，而暴龍有牙齒折斷了，顯然這兩隻恐龍於6,700萬年前發生過激烈爭鬥。這兩具被譽為有史以來最完整的恐龍化石標本名為「決鬥恐龍」(Dueling Dinosaurs)，現收藏於北卡羅萊納州自然科學博物館 (North Carolina Museum of Natural Sciences)。專家們會繼續追查牠們究竟於戰鬥之中同歸於盡，抑或打鬥未完結前被沙泥崩塌所掩埋。

上圖是還原了「決鬥恐龍」的複製品。

追蹤史前足跡

恐龍足跡屬於遺跡化石，是恐龍在生時留下的活動痕跡。同一地層中往往能夠找到一定數量，甚至有不同恐龍留下縱橫交錯的足跡。這些足跡除了能夠保存恐龍帶有皮肉的腳掌真實形狀，還反映到恐龍的行走方式和日常生活習性，全是實體骨骼化石無法替代的線索。

足跡化石是如何形成？

足跡很容易受到破壞，比其他類型的化石更難保存。恐龍需要在濕度和粗幼度非常適中的沙泥中留下足印，待這些足跡乾涸成形後，還要及時被外來的沉積物覆蓋保護起來，才有機會於地層中形成化石。

足印類型

我們很難憑化石足跡準確判斷它屬於哪一種恐龍，但至少能夠以此區分到恐龍的類別，關鍵是兩足或四足步行——獸腳類是以兩足步行，蜥腳類、角龍類、甲龍類及劍龍類都是四足步行，而某些恐龍可採取以上兩種方式行走，如禽龍、板龍等。

蜥腳類恐龍：

腳印分前、後足，後足呈圓蹄狀，實質是有五隻腳趾。

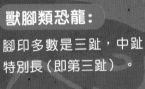

獸腳類恐龍：

腳印多數是三趾，中趾特別長（即第三趾）。

鳥腳類恐龍：

腳印多數是三趾，腳趾較粗，長短差異沒獸腳類明顯。

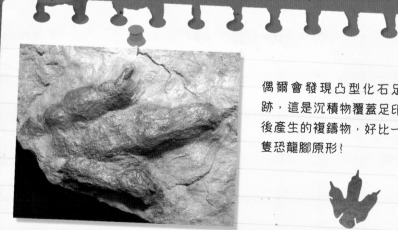

偶爾會發現凸型化石足跡，這是沉積物覆蓋足印後產生的複鑄物，好比一隻恐龍腳原形！

53

重組案情
研究恐龍足跡恍如偵探重組案情，透過足跡化石，古生物學家可計算出恐龍的奔跑速度、體長、重量等，有時還能夠重組史前某一刻發生的事情。

圖中是白堊紀時期形成的大規模恐龍足跡化石，當中保存了數百個由多隻獸腳類和鳥腳類恐龍留下的足印。雖然這化石把現場狀況記錄下來，但當時牠們是否發生過追逐？真相相當耐人尋味！

恐龍化石證實大陸漂移

科學家相信如今分散在世界各地的大陸，在遠古時期其實是連成一體、四周被海洋包圍的龐大陸地，這就是「盤古大陸」。到了約於2億年前的侏羅紀時期，盤古大陸開始分裂，並往不同方向漂移。過去一般是根據地形和氣候推斷大陸曾經漂移，而古生物學家在化石的研究中也列舉許多證據，來支持這個理論。

侏羅紀時期的地球（約２億年前）

侏羅紀時期盤古大陸開始分離，形成了北方的「勞亞大陸」，即現今的北美洲、歐洲和亞洲；又在南方形成了「岡瓦納大陸」，即現今的南美洲、非洲、南極洲、澳洲等。當時，恐龍仍能暢通無阻地在這些大陸上生活。

白堊紀時期的地球（約１億年前）

白堊紀時期的大陸進一步分裂，並往不同方向移動，逐漸顯現出現代地球板塊的雛型。而現在七大洲和五大洋的基本地貌，就大約於2、3百萬年前形成。

55

現代的地球

暴龍類的化石主要來自白堊紀晚期的北美洲，但其實最早的暴龍類於侏羅紀時期已經出現，當時的勞亞大陸還未完全分裂，使牠們能夠遍佈現在的亞洲、歐洲及北美洲。

蜥腳類恐龍擁有長長的頸部，例如腕龍、梁龍、泰坦巨龍類等。牠們的化石遍佈全球，其中泰坦巨龍類就曾被發現於南美洲、南極洲及大洋洲。雖然這幾個洲現在分隔開來，但化石告訴我們這些地方於恐龍年代都屬於岡瓦納大陸的一部分。

北美洲

南美洲

世界各地不同的大陸上，都曾發現過很多相同類型的恐龍化石。按照現在地球的板塊分佈來看，大陸之間既有海洋相隔，這些恐龍又無法飛越或漂洋過海。最合理的解釋是這些大陸曾經相連，各種史前生物可以自由地遷徙，到達地球不同的角落。

鴨嘴龍類生活於白堊紀時期，由於牠們種類繁多，這些恐龍的化石相信是所有恐龍中遭發現的次數最多，當中主要是在北美洲、亞洲及歐洲找到的，但有少部分位於南美洲及非洲。

歐洲

亞洲

非洲

大洋洲

南極洲

除了恐龍化石，其他動物甚至植物化石都能夠為大陸漂移提供證據。

恐龍的原貌

一般只有恐龍的骨骼、牙齒等比較堅固的部位能夠成為實體化石，所以科學家很難透過化石確定恐龍的原貌。但在極為特殊的情況下，恐龍化石也能夠保存到一些軟組織，甚至是色素，讓我們能夠窺探恐龍更真實的一面。

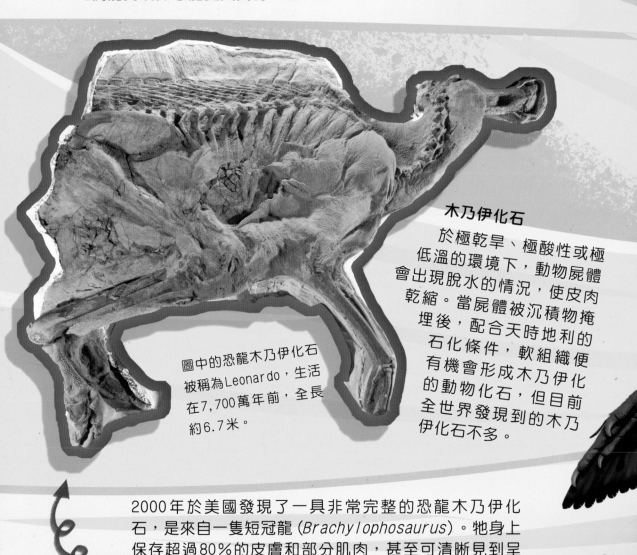

木乃伊化石

於極乾旱、極酸性或極低溫的環境下，動物屍體會出現脫水的情況，使皮肉乾縮。當屍體被沉積物掩埋後，配合天時地利的石化條件，軟組織便有機會形成木乃伊化的動物化石，但目前全世界發現到的木乃伊化石不多。

圖中的恐龍木乃伊化石被稱為Leonardo，生活在7,700萬年前，全長約6.7米。

2000年於美國發現了一具非常完整的恐龍木乃伊化石，是來自一隻短冠龍 (*Brachylophosaurus*)。牠身上保存超過80%的皮膚和部分肌肉，甚至可清晰見到呈多邊形的細小鱗片。專家相信牠死後被沉積在河底的植物覆蓋，而植物中某種化學物質滲入身體，起了防腐作用，使牠變成了木乃伊化石。

圖中的甲龍木乃伊化石，形成於1.1億年前的白堊紀早期，此甲龍生前長約5.5米。

木乃伊帶來的驚喜

甲龍類化石並不算多，通常只找到零星的骨頭或甲板，直到2011年，終於在加拿大亞伯達省發現了歷來最完整的甲龍類化石，名為北方盾龍 (*Borealopelta*)。牠的身體有很大範圍保留了原始排列狀況的甲板，還保存了皮膚和體內軟組織，猶如一具恐龍木乃伊。經分析皮膚色素後，相信北方盾龍生前可能呈紅棕色！

恐龍的真實顏色

儘管發現過很多保存了羽毛印痕的恐龍化石，對這些恐龍的模樣也越來越了解，但身體原本的色澤並不會在化石表面呈現。近年有科學家運用新技術，將近鳥龍 (*Anchiornis*) 化石羽毛與現代鳥類羽毛中的黑色素體比對，推算出近鳥龍身上的羽毛主要是黑和灰兩種顏色，冠羽相信呈紅色，是首種被辨別出真正顏色的恐龍。

透視恐龍蛋

恐龍屬於爬行動物，但牠們跟鳥類也有相似的地方，比如兩者都是卵生動物，只是恐龍的繁殖方式更多樣化。恐龍蛋比骨骼脆弱，所以蛋化石相對稀有得多。通過這些蛋化石，可以知道恐龍的生殖方式、產蛋行為、發育過程等資訊。

探索恐龍蛋窩

一窩恐龍蛋數量從幾個到30多個不等，個別例子可多達70個。不同恐龍的產蛋方式不盡相同，蛋窩可以是放射性排列、平行交錯排列或不規則排列，有些恐龍蛋還會重疊兩到三層。

上圖是重疊及放射性排列的長形恐龍蛋化石。

有些恐龍蛋殼表面是光滑，也有些帶有飾紋。

部分恐龍有孵蛋行為，而且蛋窩彼此靠得很近，可能有群居和互相照顧的習性。

恐龍蛋的分類

除了根據恐龍蛋的外形外，還會配合蛋殼切面顯微結構的紋理來分類，包括：長形蛋(Elongatoolithidae)、棱柱蛋(Prismatoolithidae)、圓形蛋(Spheroolithidae)、蜂窩蛋(Faveoloolithidae)、樹枝蛋(Dendroolithidae)、網格蛋(Dictyoolithidae)、橢圓形蛋(Ovaloolithidae)、大圓蛋(Megaloolithidae)等。

樹枝蛋化石

棱柱蛋化石

圓形蛋化石

胚胎恐龍蛋

恐龍蛋化石內極少保存到胚胎，能找到些骨頭碎片已相當難得。但在2021年，中國江西發現了一具近乎完整的恐龍胚胎化石，屬於偷蛋龍類，從頭部到尾巴長約27厘米。胚胎在蛋內蜷縮的姿態，跟即將孵化的現代鳥類十分相似。

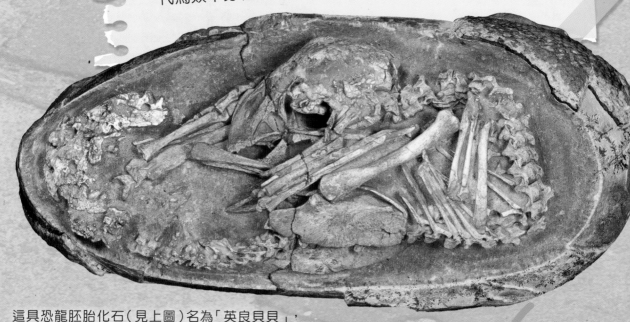

這具恐龍胚胎化石（見上圖）名為「英良貝貝」，它解開了恐龍發育的謎團。以下是「英良貝貝」的復原圖：

結晶恐龍蛋

恐龍蛋化石裏面的空間，一般都填有沙、泥等沉積物，與周邊岩石的物質基本一致。在特殊地質條件下，則會形成結晶恐龍蛋：當埋藏的恐龍蛋沒有受損，其內部形成一個小空間，碳酸鈣等地下溶液滲入到蛋內。經過漫長的歲月，形成了以方解石為主的礦物晶體。這些稀有的化石大部分都在中國南方地區發現。

結晶長形恐龍蛋化石

結晶圓形恐龍蛋化石

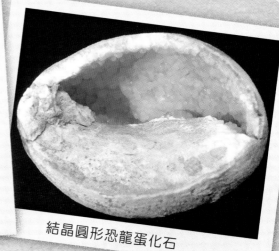

結晶圓形恐龍蛋化石

恐龍蛋的形態

不同物種的恐龍蛋，形態和大小各有差異，常見的有圓形、卵圓形、橢圓形、長橢圓形和橄欖形。最小的恐龍蛋只有4.5厘米，大的竟然超過60厘米！

雞蛋 vs. 恐龍蛋

↓

PART 3
給恐龍迷的
冷知識

恐龍的研究不斷有新知識誕生，
真令人嘖嘖稱奇！

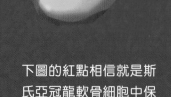

DNA 復活恐龍

科學家從琥珀中的蚊子抽出恐龍血液，然後提取DNA(上一代傳給下一代的遺傳物質)，繼而復活已經滅絕的恐龍，成為電影《侏羅紀公園》的經典橋段。但科學研究普遍顯示DNA最多只能保存100萬年，而恐龍早於6,600萬年前滅絕，可見要提取到恐龍DNA是難上加難，不過⋯⋯

下圖的紅點相信就是斯氏亞冠龍軟骨細胞中保存了DNA的痕跡。

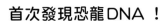

首次發現恐龍DNA ！

2020年有專家於美國發現的斯氏亞冠龍 (*Hypacrosaurus*) 頭骨化石中，找到軟骨細胞，裏面居然還保存了疑似DNA、蛋白質等有機物。這是首次發現到疑似恐龍DNA的痕跡，而且有7,500萬年歷史！

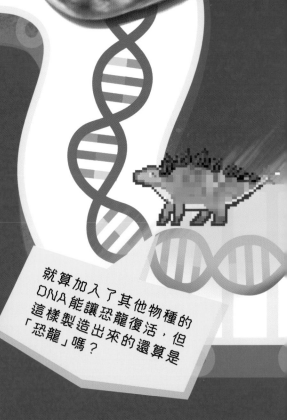

可以讓恐龍復活嗎？

只是，即使獲得一部分恐龍DNA或其他原始分子，也不足以令恐龍復活，因為DNA會隨着時間衰變或在石化過程中受到破壞。那科學家可以如電影般利用其他動物的DNA來填補嗎？最大問題是我們根本不知道完整的恐龍基因組是怎樣，所以要把一堆恐龍DNA的碎片串連起來並修補，以現今的科技恐怕很難實現。

就算加入了其他物種的DNA能讓恐龍復活，但這樣製造出來的還算是「恐龍」嗎？

誰才是迅猛龍？

《侏羅紀公園》電影系列裏，其中一個最受歡迎的恐龍角色——迅猛龍（又稱速龍），真的在現實世界中存在過嗎？其實電影中的這隻恐龍學名叫 *Velociraptor*，正式中文譯名是伶盜龍，而迅猛龍、速龍並不是牠的正式學名。

名副其實的身分誕生

不過，到了2019年，迅猛龍這個名字正式被其他恐龍錄用了。那是於中國河北省新發現的一種小型獸腳類恐龍，生活在約1億3,000萬年前的白堊紀早期，全長約30厘米，全名為英良迅猛龍（*Xunmenglong yingliangis*）。牠跟第一隻發現有羽毛的恐龍——中華龍鳥（*Sinosauropteryx*）都屬於美頜龍科，兩者的結構很相近，同樣具有特別長的尾巴，後肢強健修長，身體覆蓋着簡單又原始的羽毛。

TICKET 1234567890

★ 圖中是英良迅猛龍的骨盆和後肢化石。★

我才是「迅猛龍」，電影中的角色請叫回伶盜龍吧！

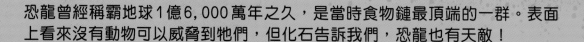

恐龍也有天敵？

恐龍曾經稱霸地球1億6,000萬年之久，是當時食物鏈最頂端的一群。表面上看來沒有動物可以威脅到牠們，但化石告訴我們，恐龍也有天敵！

巨鱷的恐龍大餐

鱷魚於地球上存活了2億多年，不但比恐龍更早出現，而且一直擔當着捕獵者的角色。白堊紀時期有些鱷魚體型非常龐大，如帝王鱷（*Sarcosuchus*）及恐鱷（*Deinosuchus*），身體可長達12米，而這些超級巨鱷都會獵食恐龍！

帝王鱷的頭骨化石吻部十分長，嘴巴內滿佈百多隻牙齒，咬合力超過10,000磅！牠們生活在大約1億2,000萬年前的非洲和南美洲，曾經與恐龍在同一環境生存。

最後的晚餐

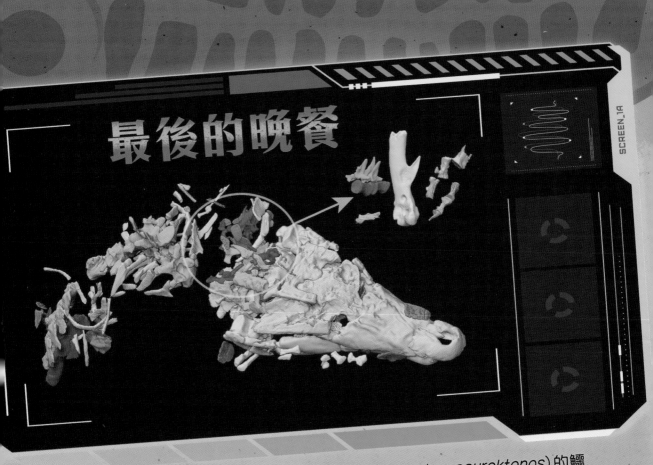

過去曾經發現過一具名為「恐龍殺手」(*Confractosuchus sauroktonos*)的鱷魚化石，這種鱷魚生活在9,500萬年前，長約2.5米，通過電腦掃描後，顯示鱷魚胃部殘留着一隻幼年鳥腳類恐龍的殘骸，作為牠「最後的晚餐」！

恐龍好像很美味！

怕！

恐龍是「冷血」的嗎？

變溫動物俗稱「冷血動物」，但並不代表這些動物的血液冰冷，只是牠們無法自行調節體溫，需要從外界環境中吸收熱量來使體溫升高。當外界環境的溫度降低時，體溫也會下降，這時牠們就需要透過曬太陽或活動等方式來提升體溫。爬行類、兩棲類、魚類等都是變溫動物。

恆溫動物俗稱「溫血動物」，能夠在不同溫度的環境下保持相對穩定的體溫，具有較完善的體溫調節機制。當外界環境的溫度升高時，牠們會排出熱量來調節體溫。包括我們人類在內的哺乳動物，以及鳥類都是恆溫動物。

恐龍屬於爬行類，科學家長久以來都認為牠們跟鱷魚等爬行動物一樣，全是變溫動物，但越來越多研究指出部分恐龍有恆溫的特質，例如多次發現恐龍化石像鳥類一樣，有孵蛋的行為。為甚麼孵蛋會成為證據？原來孵蛋是必須依靠體溫達成的過程，所以推斷那些恐龍是恆溫動物。

恆溫的證據

自90年代開始，陸續有人發現帶羽毛痕跡的恐龍化石，這些化石主要屬於獸腳類恐龍。牠們身上雖然有羽毛，卻不具備飛行能力，估計是用作保存體溫，而且某些有羽毛的恐龍身體結構與鳥類十分相似，如中華龍鳥 (*Sinosauropteryx*)、小盜龍 (*Microraptor*)、伶盜龍 (*Velociraptor*)、偷蛋龍 (*Oviraptor*) 等。暴龍類也發現過帶有羽毛的品種，不排除牠們也是恆溫動物。

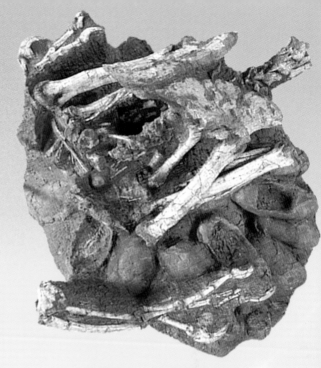

江西發現的化石保存了偷蛋龍正在孵蛋的姿態。

雖然我會吃恐龍，但我不是「冷血」的！

伶盜龍是其中一種有羽毛的獸腳類恐龍。

部分恐龍會孵化幼兒。

暴龍只有一種嗎？

電影《侏羅紀公園》系列的主角暴龍 T-Rex 是最令人印象深刻的肉食恐龍。除了電影外，我們在博物館或主題公園裏也能夠看到牠們的身影。然而，暴龍並非只得一種，牠們是一個大類群，分類上稱為暴龍總科（Tyrannosauroidea）。

暴龍總科屬於獸腳類肉食恐龍，包含數十個品種，當中與君王暴龍（Tyrannosaurus rex）關係比較接近的是同樣生活於白堊紀晚期，在北美洲發現的阿伯達龍（Albertosaurus）、蛇髮女怪龍（Gorgosaurus）、懼龍（Daspletosaurus），以及亞洲的特暴龍（Tarbosaurus）、諸城暴龍（Zhuchengtyrannus）等，這些暴龍科的恐龍體型都比較龐大。

霸王龍＝暴龍

這兩個相信是人們最常聽到的恐龍名字，但牠們並非來自兩種恐龍——霸王龍只是君王暴龍的別稱，古希臘文意思是「暴君蜥蜴」。

這是特暴龍的頭骨，跟君王暴龍十分相似。

《侏羅紀公園》
系列主角

暴龍 T-Rex

正式學名：

君王暴龍
(Tyrannosaurus rex)

不過，早期暴龍總科的恐龍普遍都比較細小，最早出現於侏羅紀中期的大概只有幾米長，如原角鼻龍（Proceratosaurus）、始暴龍（Eotyrannus）、侏羅暴龍（Juratyrant）、郊狼暴龍（Suskityrannus）等，由此相信暴龍是從體型較小的祖先進化而來。

有些暴龍身體覆蓋着羽毛，如中國東北發現的羽暴龍（Yutyrannus），牠們生活於白堊紀早期。

暴龍其實不只一種，是一個大家族啊！

博物館的恐龍是真化石嗎？

博物館是大眾最常去參觀恐龍化石的地方，但究竟我們看到一副副完整又生動的恐龍骨架，都是真化石嗎？

我雖然是複製品，但骨骼結構和比例都與真品無異！

倫敦自然歷史博物館大廳中的梁龍Dippy整副骨架都是模型複製品，這副骨架已鎮館超過100年。

真實與複製並用

其實博物館的恐龍化石大部分都是複製品，因為不太可能發現完完全全的恐龍化石，即使只有50到60%完整，也算很難得了，而當中缺失的部位需要人工修復，才可以將恐龍最原本的面貌呈現給大家看。

最完美的複製品

有些化石因為稀有或脆弱的緣故，不適宜展出真品，所以整件恐龍骨架都會以複製品的形式展示。

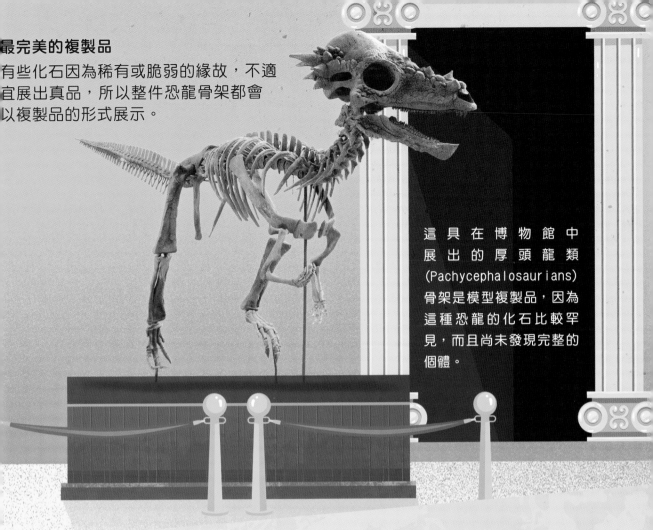

這具在博物館中展出的厚頭龍類 (Pachycephalosaurians) 骨架是模型複製品，因為這種恐龍的化石比較罕見，而且尚未發現完整的個體。

最接近真實的恐龍化石

現收藏於香港科學館的巨型祿豐龍 (Lufengosaurus magnus) 化石，除了頭骨及部分尾椎是複製品外，全副骨架由超過300塊真正骨骼化石所組成，相當難得！

巨型祿豐龍
Lufengosaurus magnus

75

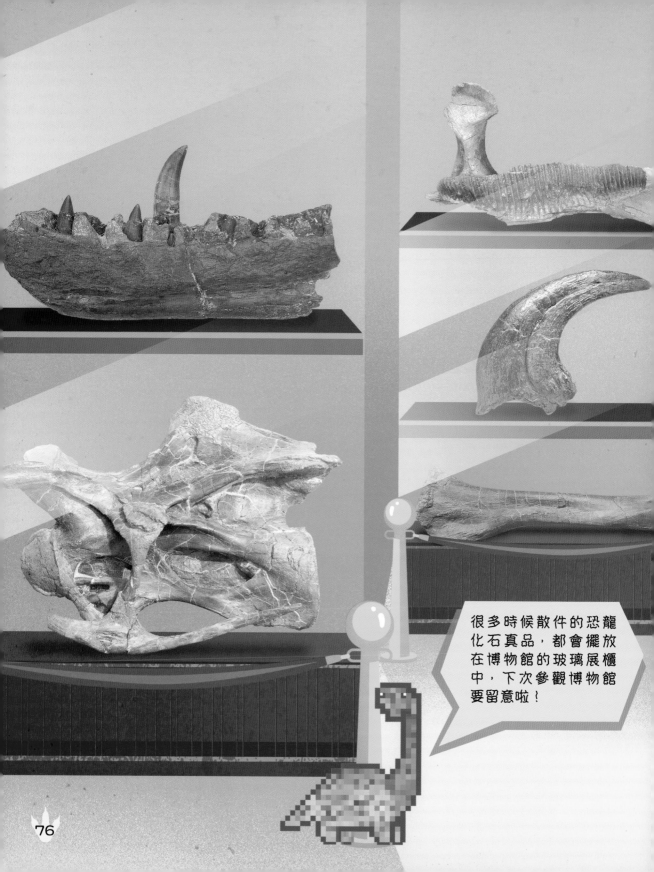

很多時候散件的恐龍化石真品，都會擺放在博物館的玻璃展櫃中，下次參觀博物館要留意啦！

恐龍有後代嗎？

恐龍於6,600萬年前的白堊紀晚期滅絕，但近年越來越多研究證明，鳥類是從恐龍演化而來，換句話說，恐龍後代一直延續到現今！自20世紀90年代以來，古生物學家發現了大量不同品種的有羽毛恐龍化石，這些化石主要屬於小型獸腳類，牠們的身體同時帶有恐龍及鳥類的特徵，相信屬於兩者之間的演化過渡階段。

頭

爪子

尾巴

原始熱河鳥（*Jeholornis prima*）大約生活在1億2,200萬年前，是其中一種最原始的鳥類。2002年於中國遼寧發現到長約60厘米的原始熱河鳥化石，牠的嘴內長有牙齒，翅膀有3隻鋒利的爪，細長的尾巴由一連串椎骨組成，顯示出恐龍與鳥類之間的過渡特徵。

鳥類從哪種恐龍演化而來？

鳥類是從獸腳類恐龍的其中一個分支演化而來，雖然暫時未能確定具體的物種，但古生物學家相信是起源於手盜龍類（Maniraptora），當中包括恐爪龍類、阿瓦拉慈龍類、鐮刀龍類及偷蛋龍類。這類型的恐龍幾乎全部帶有羽毛及翅膀，部分甚至具備飛翔能力。相反，鳥腳類恐龍跟鳥類根本沒有直接的演化關係。

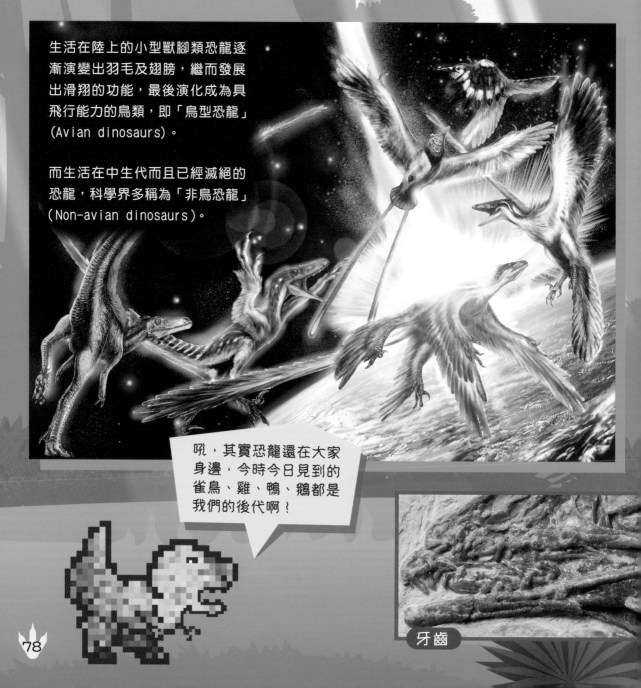

生活在陸上的小型獸腳類恐龍逐漸演變出羽毛及翅膀，繼而發展出滑翔的功能，最後演化成為具飛行能力的鳥類，即「鳥型恐龍」（Avian dinosaurs）。

而生活在中生代而且已經滅絕的恐龍，科學界多稱為「非鳥恐龍」（Non-avian dinosaurs）。

吼，其實恐龍還在大家身邊，今時今日見到的雀鳥、雞、鴨、鵝都是我們的後代啊！

牙齒

恐龍與鳥類的共同特徵

鳥類與獸腳類恐龍有上百個相同特徵，例如叉骨、恥骨、腕骨、手臂、頸部、肩帶，還有椎骨上面的氣囊，而且兩者都能以雙足行走，以及擁有具三個功能趾的足部。

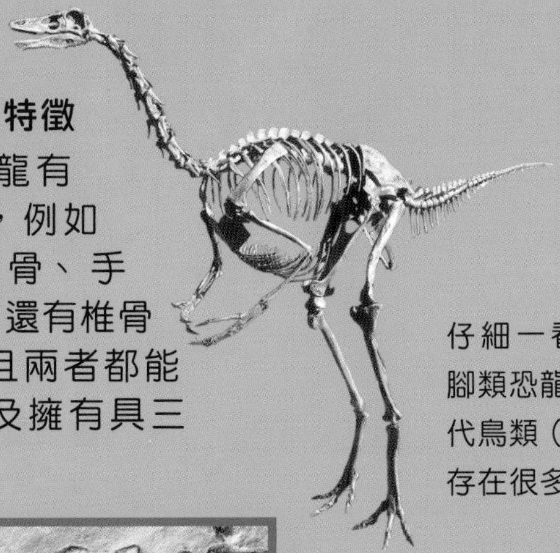

仔細一看，會發現獸腳類恐龍（左圖）與現代鳥類（右圖）的骨骼存在很多相同之處。

翅膀上的爪

原始的鳥類

早已滅絕的反鳥類 (Enantiornithes) 是恐龍年代佔主流的原始鳥類，牠們的體型較小，形態跟現代鳥類相當接近，但絕大多數都擁有牙齒和翅膀上的爪——這些特徵於現代鳥類身上已不復見。反鳥類代表有華夏鳥 (Cathayornis)、中國鳥 (Sinornis)、伊比利亞鳥 (Iberomesornis)、遼西鳥 (Liaoxiornis)、始反鳥 (Eoenantiornis)、原羽鳥 (Protopteryx)、長翼鳥 (Longipteryx) 等。

恐龍都是陸生的嗎？

過去科學界都認為恐龍是生活在陸地上，包括所有蜥臀目(Saurischia)和鳥臀目(Ornithischia)恐龍，直到古生物學家於摩洛哥發現了一條結構獨特的尾巴化石，自此改寫了人類對恐龍的認知。

改變觀念的一條尾

直至20世紀，人們發現到的棘龍(*Spinosaurus*)化石都很局部或破碎，因此只知道棘龍背部帶有長棘，形成一個巨大的帆狀物，同時相信牠們跟其他獸腳類恐龍一樣，都是以兩足站立。

2018年，終於有人發現第一條棘龍尾巴化石。化石保存狀況良好，尾椎每一節都有很長的支柱，形成槳狀尾部，估計尾巴能夠左右擺動而發出推動力。以往從未在恐龍身上見過類似構造，加上棘龍頭部擁有延長的吻部、圓錐狀牙齒、鼻孔位置較高，這些特徵統統跟鱷魚非常相似，顯示牠們適應水中生活。

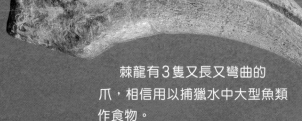

棘龍有3隻又長又彎曲的爪，相信用以捕獵水中大型魚類作食物。

看來我這個陸上造型要成為歷史了！

棘龍生活在白堊紀時期，除了是已知第一種水棲生活的恐龍，
也是體型最長的獸腳類恐龍，全長可達19米。

科學界已知的恐龍物種超過1,500個，包括所有蜥腳形類、獸腳類及鳥臀目恐龍，當中約有一半物種都屬於獸腳類恐龍。

北美洲　歐洲　亞洲　非洲　南美洲　大洋洲　南極洲

獸腳類
Theropods

蜥腳形類
Sauropodomorphs

鳥腳類
Ornithopods

角龍類
Ceratopsians

厚頭龍類
Pachycephalosaurians

甲龍類
Ankylosaurians

劍龍類
Stegosaurians

不斷增加的恐龍物種

恐龍化石全球分佈極廣，七大洲都發現過：中國命名了超過300種恐龍，數量居於世界首位，每年更以8至10個新種速度增長；其次是美國，有200多種恐龍被命名；阿根廷近年有越來越多新發現，而歐洲找到的恐龍化石不算多。這10多年來，全球平均每年增加約50個新種，即大概一周就有一隻新恐龍被命名，而這些數字還會隨着新發現不斷改寫！

基於近年研究上的蓬勃，有古生物學家把現在稱為「恐龍發現的黃金時代」！

刪減恐龍物種

不過，隨着新發現的化石提供線索，也有機會減少恐龍物種的數量——假如古生物學家分析舊有的兩種恐龍後，證實牠們可能來自同一物種，便會合併為一個種名。

最經典的例子是矮暴龍 (Nanotyrannus)，上圖是牠的頭骨，1988年命名成獨立物種，但近年有研究指出，這種恐龍可能只是君王暴龍的未成年個體，建議矮暴龍這名字應當被廢除。

如何替恐龍命名？

發現新恐龍化石後，古生物學家會先分辨化石的身份——究竟是屬於已知物種，抑或是未知的神秘物種呢？專家會描述這件化石的解剖學特徵，並與關係密切的物種對比，以推算牠在演化樹上的位置，了解牠和其他物種的親緣關係。如果新標本與已知物種在特徵上有一定程度的差異，便會將之命名為一個新物種。

古生物學家一般會以一件化石的最大特色來命名，例如擁有三隻頭角的角龍類，理所當然名叫三角龍（*Triceratops*），而身長8米的巨型偷蛋龍類就叫巨盜龍（*Gigantoraptor*）。

物種名稱有時會帶地域色彩，與出土地點相配。例如自格陵蘭的板龍類名為寒龍（*Issi*），是因為發現牠的地方接近寒冷的北極。

Gigantoraptor

Issi

恐龍學名的規律

科學家沿用二名法（binomial nomenclature）來命名物種，我們叫這個名字做學名。學名由兩部分組成：屬名和種名，均由拉丁文拼寫而成，還會用斜體來表示。以君王暴龍（*Tyrannosaurus rex*）為例，*Tyrannosaurus* 是屬名，首字母需大寫，而 *rex* 則是種名。

我死後終於有名字了!

最有趣是以真實甚至虛構人物來命名,以作紀念。在烏茲別克發現的鯊齒龍類兀魯伯龍(*Ulughbegsaurus*)取名自帖木兒帝國的統治者兀魯伯(Ulugh Beg)。來自巴西的阿貝力龍類則被命名為薩諾斯龍(*Thanos*),即漫威漫畫中的反派角色「滅霸」!

Titanosaurus

M

命名有時會融入神話故事,比如鎌刀龍類死神龍(*Erlikosaurus*)就是源自蒙古神話中的死神;蜥腳類的泰坦巨龍(*Titanosaurus*)則取自希臘神話中的神族泰坦。

君王暴龍

Died 66 MYO

獸腳類恐龍都是食肉獸嗎？

獸腳類恐龍 (Theropoda) 長久以來都被視為肉食性恐龍，因為牠們大多擁有銳利及帶鋸齒邊緣的牙齒，相信是靠捕捉獵物或吃掉殘留的動物屍體維生。君王暴龍 (*Tyrannosaurus rex*)、異特龍 (*Allosaurus*)、伶盜龍 (*Velociraptor*)、棘龍 (*Spinosaurus*) 等耳熟能詳的捕獵者，都屬於獸腳類恐龍。

不過，不是所有獸腳類恐龍都是食肉獸，有部分是雜食性的，甚至有以植物為主要食糧的恐龍，其中的例子有鐮刀龍類的懶爪龍 (*Nothronychus*)、鐮刀龍 (*Therizinosaurus*) 和死神龍 (*Erlikosaurus*)。

WANTED

同屬於阿瓦拉慈龍科的鳥面龍（*Shuvuuia*）和單爪龍（*Mononykus*）是體型細小的雜食性恐龍，牠們的前肢非常短小，只有一隻指爪，可能是用來挖開昆蟲的巢穴，而修長的頜部帶有微小的牙齒，十分適合用來捕食昆蟲。

單爪龍（*Mononykus*）

你誤會了，我不吃肉的。

鐮刀龍類雖然體型龐大，雙臂還帶有巨型指爪，貌似兇猛的獵食者，但牠們具有缺乏牙齒的喙狀嘴，嘴裏的牙齒平坦，加上巨大的腹部，全是植食性恐龍的特徵。

放過我吧！

鐮刀龍（*Therizinosaurus*）

最長與最小的恐龍

最長的恐龍：超龍(*Supersaurus*)

直至最近，科學家都以為最長恐龍都是泰坦巨龍類(Titanosauria)與
梁龍類(Diplodocids)之爭。牠們同屬蜥腳類長頸恐龍，基於不完整
的骨骼化石，估算這兩類恐龍最長可達34至37米。不過，2021年有
專家結合新發現的化石，修復了梁龍類的超龍骨骼，重新估算後，得
知牠的長度是39至42米，成為目前世上最長的恐龍！

超龍一塊肩胛鳥喙
骨已經有2.4米長。

假如將只有文字記載的物種也算進來的
話，最長恐龍可能屬於1877年發現的易
碎雙腔龍。有專家相信牠體長接近60米，
重過百噸！可惜唯一的脊椎骨化石標本已
經遺失了。

最小的恐龍：胡氏耀龍 (*Epidexipteryx hui*)

不計鳥類（鳥型恐龍）在內的話，體型最小的恐龍是來自獸腳類家族的胡氏耀龍。2006年於內蒙古發現牠的化石，骨架只有25厘米長，體重約164克，前肢比後肢長。牠與鳥類極具親緣關係，身體披有羽毛，但並不具備飛行能力。

胡氏耀龍尾巴有4條直長的尾羽，上面帶有花紋，是化石紀錄中已知最早的純裝飾用羽毛。

胡氏耀龍生活在1億6,000萬年前的侏羅紀晚期，這是自當時保存於石板之中的化石。

不在人世的恐龍也能創下世界紀錄，《健力士世界紀錄》(Guinness World Records)就記載了不少恐龍之最，聽說這些紀錄仍一直在添加和改寫。那麼究竟有哪些恐龍之最呢？

最大三角龍化石

Best AWARD

2014年在美國南達科他州發現的一具三角龍 (*Triceratops*) 化石，骨架接近70%完整，總長度約為7.15米，頭骨亦比其他三角龍大5至10%，因此有綽號「大約翰」(Big John)，是迄今為止出土的最大三角龍。

最大的恐龍便便化石

PREMIUM AWARD

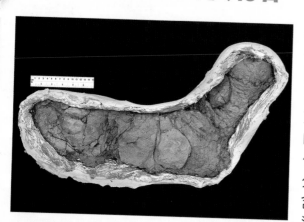

2019年美國南達科他州發現了一件巨型恐龍糞便化石，長67.5厘米，寬15.7厘米，重9.8公斤，是最大的糞便化石。專家對化石進行X射線熒光分析後，顯示糞便內含有不少碎骨，確定這來自肉食性恐龍。

在1991年，於加拿大亞伯達省的省立恐龍公園裏發現了蛇髮女怪龍(*Gorgosaurus libratus*)化石。這副骨架約93%完整，僅缺少了左前臂、腹肋骨和幾根腳趾骨，總長度約有5.1米，為至今最完整的暴龍科恐龍化石。蛇髮女怪龍頭部和尾巴向後彎曲形成經典的死亡姿勢，這標本現在收藏於加拿大皇家蒂勒爾博物館(Royal Tyrrell Museum)。

最完整暴龍科恐龍化石

最大鴨嘴龍類骨架

於中國山東省發現的植食性恐龍巨大諸城龍(*Zhuchengosaurus maximus*)來自白堊紀晚期，骨架組裝後長16.6米、高9.1米。這件化石在2014年被確認為世界最大的鴨嘴龍類骨架，現藏於諸城恐龍博物館。

最多恐龍蛋化石的博物館

截至2004年，中國廣東省的河源恐龍博物館憑藉館藏10,008枚恐龍蛋化石，被列入「健力士世界紀錄」。在河源發現過10多種恐龍蛋，包括偷蛋龍類、鴨嘴龍類等，全是來自白堊紀晚期，使河源榮獲「中華恐龍之鄉」的稱號。時至今天，河源恐龍博物館的恐龍蛋化石藏量已增至過兩萬枚！相信這紀錄仍會不斷刷新。

最長屬名的恐龍

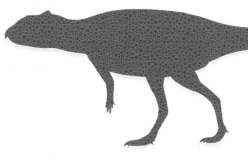

在中國發現的微腫頭龍，屬名是*Micropachycephalosaurus*，由23個英文字母組成，共有9個音節。這個學名是所有恐龍之中最長。有趣的是，微腫頭龍最大也只有1米長，是最小的鳥臀目恐龍之一，似乎配不上這長長的稱號。而且因為化石紀錄不多，牠們的分類位置仍有爭議。

最多頭角的恐龍

白堊紀晚期，在今日的美國猶他州地區，生活了一種擁有15隻頭角的恐龍，當中有10隻鈎狀尖角在頸盾後方，其餘分佈在臉頰兩側、眼眶上方及鼻骨。這種恐龍名為里氏華麗角龍（*Kosmoceratops richardsoni*），是已知擁有最多頭角的恐龍。

最小的恐龍足印

2018年，南韓發現了一連串的足印化石，足印大小只有1厘米！專家推敲出，是由一隻麻雀差不多大小的恐龍所留下，行走時只有兩隻腳趾接觸地面，而第三隻腳趾內縮，相信屬於馳龍類恐龍。足印命名為*Dromaeosauriformipes rarus*，是迄今為止發現過最小的恐龍足印。

恐龍詞彙檔案

A

阿貝力龍 *Abelisaurus*
氣腔龍 *Aerosteon*
阿伯達龍 *Albertosaurus*
異特龍 *Allosaurus*
阿瓦拉慈龍 *Alvarezsaurus*
琥珀 Amber
長臂渾元龍 *Ambopteryx longibrachium*
易碎雙腔龍 *Amphicoelias fragillimus*
近鳥龍 *Anchiornis*
甲龍類 Ankylosaurians
始祖鳥 *Archaeopteryx*
主龍類 Archosauria
鳥型恐龍 Avian dinosaurs

B

二名法 Binomial nomenclature
鳥類 Birds
實體化石 Body fossil
骨頭 Bone
北方盾龍 *Borealopelta*
腕龍 *Brachiosaurus*
短冠龍 *Brachylophosaurus*

C

巨嵴彩虹龍 *Caihong juji*
方解石 Calcite
碳酸鈣 Calcium carbonate
圓頂龍 *Camarasaurus*
鯊齒龍 *Carcharodontosaurus*
肉食性 Carnivorous
尾羽龍 *Caudipteryx*

尖角龍 *Centrosaurus*
角龍類 Ceratopsians
綱 Class
爪子 Claw
美頜龍科 Compsognathidae
糞化石 Coprolite
白堊紀 Cretaceous

D

懼龍 *Daspletosaurus*
恐爪龍 *Deinonychus*
恐鱷 *Deinosuchus*
樹枝蛋 Dendroolithidae
網格蛋 Dictyoolithidae
恐龍 Dinosaur
恐龍蛋 Dinosaur egg
梁龍類 Diplodocids
梁龍 *Diplodocus*
馳龍 *Dromaeosaurus*

E

愛德蒙托龍 *Edmontosaurus*
長形蛋 Elongatoolithidae
胚胎 Embryo
反鳥類 Enantiornithes
始暴龍 *Eotyrannus*
胡氏耀龍 *Epidexipteryx hui*
死神龍 *Erlikosaurus*
滅絕 Extinction

F

科 Family
蜂窩蛋 Faveoloolithidae

羽毛 Feather
羽毛恐龍 Feathered dinosaurs
化石 Fossil
石化作用 Fossilization
叉骨 Furcula

G

屬 Genus
巨盜龍 *Gigantoraptor*
岡瓦納大陸 Gondwana
蛇髮女怪龍 *Gorgosaurus libratus*

H

鴨嘴龍類 Hadrosaurs
植食性 Herbivorous
恆溫動物 Homeotherms
斯氏亞冠龍 *Hypacrosaurus*

I

火成岩 Igneous rock
無脊椎動物 Invertebrate
寒龍 *Issi*

J

原始熱河鳥 *Jeholornis prima*
侏羅紀 Jurassic
侏羅暴龍 *Juratyrant*

K

界 Kingdom
里氏華麗角龍
Kosmoceratops richardsoni
白堊紀－古近紀界線
K-Pg boundary

L

勞亞大陸 Laurasia
巨型祿豐龍 *Lufengosaurus magnu*

手盜龍類 Maniraptora
髓質骨 Medullary bone
大圓蛋 Megaloolithidae
斑龍 *Megalosaurus*
中生代 Mesozoic
變質岩 Metamorphic rock
微腫頭龍
Micropachycephalosaurus
小盜龍 *Microraptor*
模鑄化石 Mold and cast fossil
單爪龍 *Mononykus*
木乃伊化 Mummification
博物館 Museum

矮暴龍 *Nanotyrannus*
頸盾 Neck frill
今鳥類 Neornithes
非鳥恐龍 Non-avian dinosaurs
懶爪龍 *Nothronychus*

雜食性 Omnivorous
目 Order
鳥臀目 Ornithischia
似鳥龍 *Ornithomimus*
鳥腳類 Ornithopods
橢圓形蛋 Ovaloolithidae
偷蛋龍 *Oviraptor*

厚頭龍類 Pachycephalosaurians
古生物學 Paleontology

盤古大陸 Pangaea
門 Phylum
變溫動物 Poikilotherm
古生物 Prehistoric life
棱柱蛋 Prismatoolithidae
原角鼻龍 *Proceratosaurus*
原蜥腳類 Prosauropod
原角龍 *Protoceratops*
鸚鵡嘴龍 *Psittacosaurus*

羽莖瘤 Quill knobs

猛禽 Raptor
雷巴齊斯龍
Rebbachisaurus
爬行類 Reptiles

帝王鱷 *Sarcosuchus*
蜥臀目 Saurischia
蜥腳形類 Sauropodomorphs
擅攀鳥龍類 Scansoriopterygidae
似松鼠龍 *Sciurumimus*
沉積岩 Sedimentary rock
鋸齒 Serration
鳥面龍 *Shuvuuia*
中華龍鳥 *Sinosauropteryx*
骨骼 Skeleton
頭骨 Skull
種 Species
圓形蛋 Spheroolithidae
棘龍 *Spinosaurus*
劍龍類 Stegosaurians
劍龍 *Stegosaurus*
超龍 *Supersaurus*
郊狼暴龍 *Suskityrannus*

長頸龍 *Tanystropheus*
特暴龍 *Tarbosaurus*
薩諾斯龍 *Thanos*
鐮刀龍 *Therizinosaurus*
獸腳類 Theropods
奇異龍 *Thescelosaurus*
天宇龍 *Tianyulong*
泰坦巨龍類 Titanosauria
泰坦巨龍 *Titanosaurus*
遺跡化石 Trace fossil
足跡 Track
三疊紀 Triassic
三角龍 *Triceratops*
傷齒龍科 Troodontidae
暴龍總科 Tyrannosauroidea
君王暴龍 *Tyrannosaurus rex*

兀魯伯龍 *Ulughbegsaurus*

懷特氣腔獵龍
Vectaerovenator inopinatus
伶盜龍 *Velociraptor*
脊椎動物 Vertebrate
椎骨 Vertebra

英良迅猛龍
Xunmenglong yingliangis

奇翼龍 *Yi qi*
羽暴龍 *Yutyrannus*

巨大諸城龍
Zhuchengosaurus maximus
諸城暴龍
Zhuchengtyrannus

作者	龍德駿
內容總監	曾玉英
責任編輯	林沛暘
編務協力	何敏慧
書籍設計	Yedda Cheng
	Elaine Chan
	Joyce Leung
科學顧問	馬慧芯博士
恐龍插圖	張宗達 龍德駿
8-bit	
恐龍設計	姜文杰

出版	閱亮點有限公司 Enrich Spot Limited
	九龍觀塘鴻圖道 78 號 17 樓 A 室
發行	天窗出版社有限公司 Enrich Publishing Ltd.
	九龍觀塘鴻圖道 78 號 17 樓 A 室
電話	(852) 2793 5678
傳真	(852) 2793 5030
網址	www.enrichculture.com
電郵	info@enrichculture.com
出版日期	2023 年 3 月初版

定價	港幣 $138　新台幣 $690
國際書號	978-988-75705-4-7
圖書分類	(1) 科普讀物　(2) 兒童圖書

本出版物獲第二屆「想創你未來——初創作家出版資助計劃」資助。該計劃由香港出版總會主辦,香港特別行政區政府「創意香港」贊助。

鳴謝:
主辦機構:香港出版總會
贊助機構:香港特別行政區政府「創意香港」

「想創你未來——初創作家出版資助計劃」免責聲明:
香港特別行政區政府僅為本項目提供資助,除此之外並無參與項目。在本刊物/活動內(或由項目小組成員)表達的任何意見、研究成果、結論或建議,均不代表香港特別行政區政府、文化體育及旅遊局、創意香港、創意智優計劃秘書處或創意智優計劃審核委員會的觀點。